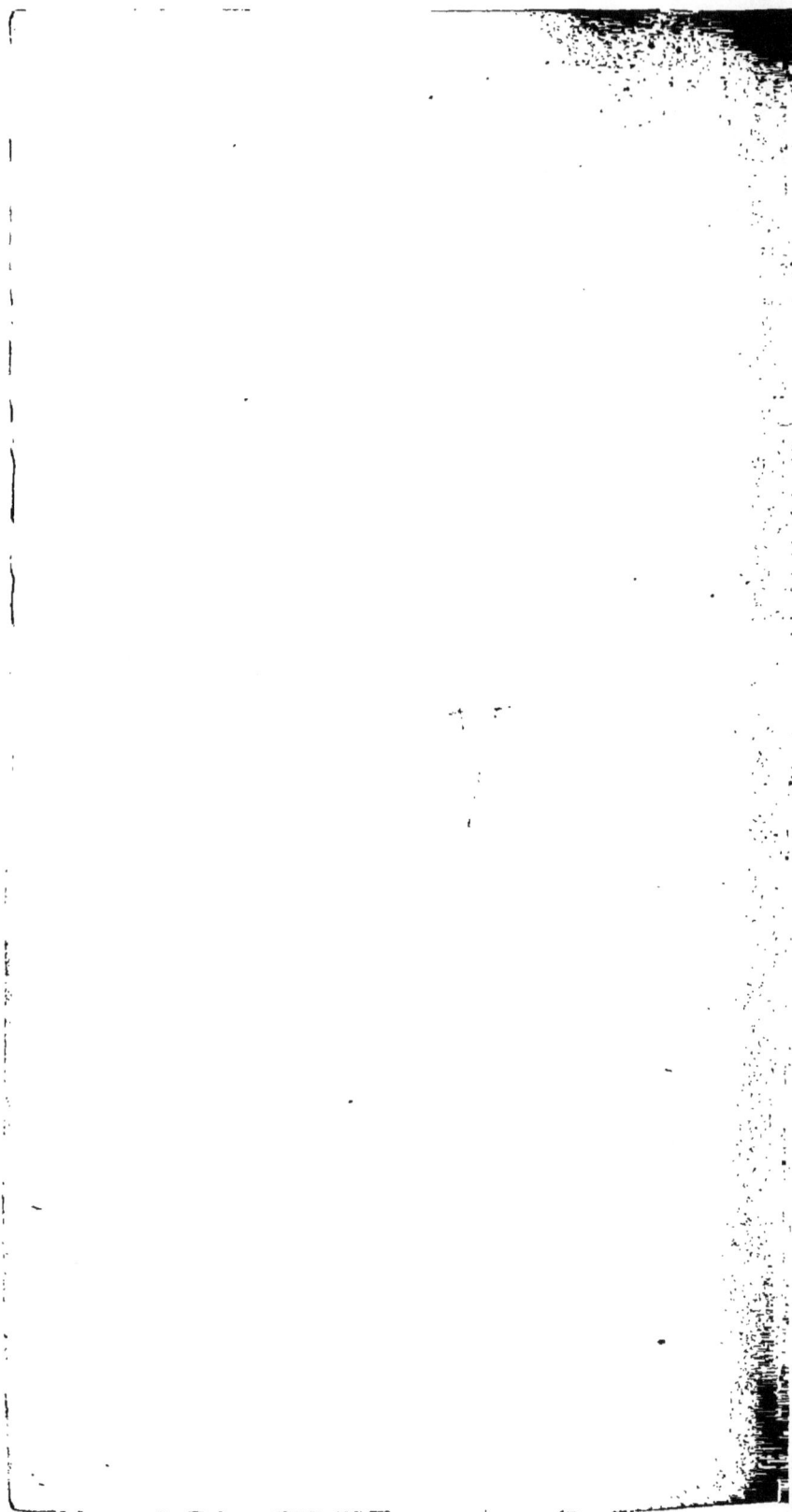

Acide Borique raffiné, kil.

»   »   en paillettes

»   sulfurique 66 degrés, 100 kil.

»   »   au détail

»   »   60 degrés, 100 kil.

»   »   53   »   »

»   anhydre p. ep^{on}. »   »

»   de Saxe, par bouteille

»   »   au détail

»   muriatique 22 degrés, 100 k.

»   »   au détail

»   »   14 degrés, 100 kil.

»   nitrique   40 degrés   »

»   »   au détail

»   »   36 degrés, 100 kil.

»   »   au détail

»   »   34 degrés, 100 kil.

»   »   au détail

»   acétique B G 8 degrés, 100 kil.

»   »   au détail

»   M G

»   citrique blanc, le kil.

»   oxalique ou de sucre

Acide tartrique entier, 100 kil.

» » au détail

» » en poudre, le kil.

» Picrique

Acajou en liqueur, le litre

Alcali volatil, par bouteille

» » au détail

» concres carbona. d'amoniaq.

Aloës succotrin, 100 kil.

» » au détail

Alquifoux ou Potin, Nos 100 k.

Alun de France, par barrique

» » en blocs

» » au détail

» épuré par barrique, 100 kil.

» » au détail

» de Rome, le kil.

Amandes douces N° 1, le kil.

» » 2, »

» amères, N°1, »

» princesses

Amandes à la Dame

» matrones

Amadou surfin

» ordinaire

Amidon d'Estaire, par baril

» » au détail

» ordinaire, par baril

» » au détail

» azuré surfin, p. baril.

» » au détail

» lustré, la douzaine

Anis vert, par balle

» » au détail

» étoilé le kil.

Antimoine cru, entier

» en poudre

Arcançon ou **Colophane**, épu.

» » au détail

Argent fin, le millier

» » le livret

» » faux le dixain

Argent faux, la douzaine

»   »   le livret

Arsenic blanc en poudre, 100 kil.

»   »   au détail

»   rouge en poudre, 100 kil.

»   »   au détail

»   jaune en poudre, le kil.

Asphalte ou **Bitume** de Judée

»   »   au détail

Assiette fine à dorer, le kil.

Avanturine jaune pure

»   blanche

Azur 4 feux surfins

»   ordinaire

Aniline pour violet, le litre

»   entière.

Baies de genièvre, par bouteille

»   »   détail

Baies de laurier, le kil,

Benjoin N° 1 en larmes

    »   1/2 larmeux

Benzine, le litre

Bicarbonate de soude

Bismuth ou étain de glace

Bistre en grains

Bitume de Judée, 100 kil.

    »   »   au détail

Blanc de baleine

    »   d'albâtre, par baril

    »   »   au détail

    »   d'argent en pains

    »   »   en grains

    »   d'écaille en poudre, 100 kil.

    »   »   au détail

    »   d'Espagne, 100 boules

    »   de neige, par baril

    »   »   au détail

    »   de pierre extra, par baril

    »   »   au détail

    »   de plomb en écaille

Blanc de plomb en grains

»   de zinc , par baril

»   »   au détail

»   oxide de zinc en pond. p. bar.

»   »   au détail

»   cachet jaune 100 kil.

»   rouge   »

»   de zinc broyé, cach. v. 100 k

»   »   »   brun

»   »   »   Bleu

»   »   »   Gris

»   » gris de pier. cach. noir

»   »   de lait, 100 kil.

Bleu d'argent, l'once

»   d'azur, 4 feux, kil.

»   ordinaire

»   badigeonneur, par baril

»   »   au détail

»   Berlin surfin

»   N° 1

Bleu Charron extrafin M

»   »   No 1

»   »   No 2

»   »   No 3

»   Cobalt fin, l'once

»   Canelé P et G tablettes

»   ou dissolution d'indigo, kil.

»   Flore surfin

»   minéral pâle et foncé

»   »   No 1

»   »   No 2

»   outremer Guimet poudre No 1

»   »   »   No 0

»   »   »   No 2

»   »   bidauldt, poudre No 1

»   »   »   »   No 0

»   »   »   »   No 2

»   Guimet en boules, No 1

»   »   »   No 2

»   ordinaire »   No 3

»   »   »   No 4

»   Bidauldt, boules No 1

»   »   »   No 2

Bleu de Prusse foncé, N° 1

»   »   »   N° 2

»   vitrifié

»   de toilette N° 1

»   »   N° 2

»   »   N° 6

Bois Brésil effilé, par balle

»   »   »   au détail

»   campêche coupé esp° bûches

»   »   scié par balle, 100 k

»   »   au détail

»   »   effilé, p. balle,100 k

»   »   au détail

»   »   varlop. p. bal. 100 k

»   »   au détail

»   St-Domingue en bûch. 100 k.

»   »   scié par balle, »

»   »   au détail

»   »   effilé. p. bal. 100 k.

»   »   au détail

Bois campêc. varlopp. p. balle, 100 k

» » au détail

» caillatour en bûches, 100 kil.

» » en poudre

» » au détail

» fernambourg en bûch. 100 k.

» » moulu

» » effilé N° 1, 100 k

» » au détail

» fustel entier, 100 kil.

» » effilé »

» » au détail

» jaune Cuba en bûches, 100 k.

» » scié, par balles

» » au détail

» effilé ou varlop. 100 kil.

» tempico façon Cuba

» » » scié par balle.

» » » au détail

» de Lima en bûches, 100 kil.

» » moulu, par balle

» » » au détail

» » effilé, par balle

Bois de Lima effilé, au détail

»   Ste-Marthe en bûches, 100k.

»   »   moulu, par balle

»   »   »   au détail

»   »   effilé, par balle

»   »   »   au détail

»   Martinique en bûches, 100 kil.

»   »   sciés, par balle

»   »   »   au détail

»   Quercitron Philade'phie

»   »   »   au détail

«   Réglisse

»   sandal en bûches, 100 kil.

»   »   en poudre,   »

»   »   »   au détail

»   sapin en bûches, 100 kil.

»   »   moulu, le kil.

Bol d'Arménie, le kil.

Bolus entier, 100 kil.

»   »   au détail

Borax raffiné, G C, par caisse

»   »   au détail

»   »   M G 100 kil.

Borax raffiné M C, détail

» » P C, par caisse

» » détail

Bougies stéarine, 16 onces

» » 15 »

» » 14 »

Brai Stockolm, la tonne

» » 1/2 »

» » No 2, la tonne

» » » 1/2 »

» · » » au détail

Bronze blanc

» » surfin

» » »

» doré pâle et foncé, kil.

» » » »

» » » »

» » » »

» » » »

» » » »

Bronze pâle et foncé, kil.

»   rouge Florentin

»   »   »

»   »   »

»   »   »

»   »   »

»   »   »

»   vert   »

»   »   »

»   »   »

»   »   »

Brosses à peindre, N° 1 à 4 la 12ᵉ

»   »   » 5 à 6, »

»   »   » 7   »

»   »   » 8   »

»   »   » 9   »

»   »   » 10   »

»   »   » 11   »

»   »   » 12   »

»   »   » 13   »

»   »   » 14   »

»   »   » 15   »

»   »   » 16   »

Brosses à peindre N° 17		la	12ᵉ
»	»	» 18	»
»	»	» 19	»
»	»	» 20	»
»	»	» 22	»
»	»	» 24	»
»	»	» 25	»
»	»	» 26	»

Brosses à blanchir, blanc. et grises

»	»	8 onces, la	12ᵉ
»	»	7 »	»
»	»	6 »	»
»	»	5 »	»
»	»	4 »	«
»	»	3 »	»
»	»	2 »	»

» plates ou queue de morue

»	»	36 lignes, la	pièce
»	»	33 »	»
»	»	30 »	»
»	»	27 »	»
»	»	24 »	»
»	»	21 »	»

Brosses plates	18	lignes,	la pièce	
»	»	15	»	»
»	»	12	»	»
»	»	9	»	»
»	»	6	»	»
» veinette	36	lignes,	la pièce	
»	»	33	»	»
»	»	30	»	»
»	»	27	»	»
»	»	24	»	»
»	»	21	»	»
»	»	18	»	»
»	»	15	»	»
»	»	12	»	»
»	»	9	»	»
»	»	6	»	»
» plates à décors en tubes				
»	»	6	lignes, la pièce	
»	»	9	»	»
»	»	12	»	»
»	»	15	»	»
»	»	18	»	»
»	»	»	»	»

Brosses soies grises dites tapettes

»	»	»	72	lign. la pièce	
»	»	»	60	»	»
»	»	»	54	»	»
»	»	»	48	»	»
»	»	»	42	»	»
»	»	»	36	»	»

Blaireaux ronds et plats

»	N° 1,	6	lignes, la pièce	
»	2	9	»	»
»	3	12	»	»
»	4	15	»	»
»	5	18	»	»
»	6	21	»	»
»	7	24	»	»
»	8	27	»	»
»	9	30	»	»
»	10	33	»	»
»	12	36	»	»

Brosses dites spatler en putois

»	36 lignes, la pièce		
»	33	»	»
»	30	»	»
»	27	»	»
»	24	»	»
»	21	»	»
»	18	»	»
»	15	»	»
»	12	»	»
»	9	»	»
»	6	»	»
»	ébouriflores soies bl., l'une		
»	»	» grises	
»	dites spalter soies blanches		
»	45 lignes, la pièce		
»	36	»	»
»	33	»	»
»	30	»	»
»	27	»	»
»	24	»	
»	21	»	»
»	18	»	»

Brosses spalter soies blanche, l'une

»   15 lignes, la pièce

Balais en blaireaux, l'un

»   6 pouces,   »

»   5 pouces 1/2   »

»   5 »   »

»   4 »   1/2   »

»   4 »   »

»   3 »   1/2   »

»   3 »   »

Brosses d'un pouce, la grosse

»   »   » la douzaine

»   1/2 » la grosse

»   » » la douzaine

»   1/4 » la grosse

»   » » la douzaine

»   de Lyon, fils rouge C et L soie

»   »   » la grosse

»   »   » la douzaine

»   en Marthe rond. et plat. la g.

»   »   » la douzaine

»   en tubes C et L soies r. et pl.

»   »   » la grosse

Brosses en tubes C et L soies rondes et plates, la douz.

»   à viroles pour persiennes

»   Nº 2   »

»   3   »

»   4   »

»   5   »

»   7   »

Brun Vandyck, lavé

»   »   de Suède

»   »   ordinaire

Briques anglaises

Carmin entier et en poudre, l'once

»   »   Nº 40   »

»   »   » 36   »

»   »   » 24   »

Carmin entier et en poudre, l-once

»	»	» 16	»
»	»	» 12	»
»	»	» 10	»
»	»	» 8	»
»	»	» 6	»

» rose en pâte le kil.

» d'indigo, par baril

» » au détail

» de safranum, le litre

» » l'once

Chanvre en grains, par balles

» » au détail

Chaux des Vosges, par barrique

» » au détail

Chicorée, par caisses

Chlorure de chaux, par barrique.

» » au détail

» liquide, par t^{rie} 100 kil.

Cachou brun coulé sur feuilles

» » au détail

Camphre raffiné, kil.

Carobé rouge ou succin

Canelle de Chine, par caisses

» » au détail

» en poudre, kil.

Carbonate de soude, p. barrique

» » p. 100 à 150 kil.

» » au détail

» d'amoniac, p. b. 100k.

» » au détail

Carwy

Cédrat

Cendres vertes

» gravelées

Céruse surfine, en pain et poudre

» » » au détail

» » » N° 2

» » » N° 3

» broyée extra

» » N° 1, 10 p. 100

» » » 2, 20 »

» » » 3, 30 »

» » » 4 »

Chromate de potasse rouge

Chromate de potasse jaune

Chromo durophane N° 1, kil.

Cinabre en aiguilles

Cirage noir pour chaussures

Cire blanche N° 1, par caisses

»   »   au détail

»   »   N° 2, par caisse

»   »   au détail

»   »   en bondons

»   colorée pour meubles

»   Jaune N° 1 en pains, 100 kil.

»   »   détail

»   N° 1 en briques, 100 kil.

»   »   »   détail

»   N° 2 en pain

»   végétale

»   à giberne

»   en pains à cacheter, ord. 100 k

»   »   détail

»   en bâtons ordinaires, 100 kil.

»   »   détail

»   octogone fine, 100 kil.

Cloux gérofle Cayenne, 100 kil.

Cloux gérofle Cayenne, détail

Cobalt mort à Mouche

     »   »   »

Cochenille zaccotille kil.

     »   noire   »

     »   grise   »

     »   ammiacale »

Colcothar rouge, à polir l'or

Colle forte Givet extra, 100 kil.

     »   »   »   détail

     »   »   façon, 100 kil.

     »   »   »   détail

     »   »   »   ordinaire

     »   claire de Hollande, 100 kil.

     »   »   »   détail

     »   »   blanche

     »   gélatine bouxvilllers

     »   »   pour cuisine

     »   »   pour vins, kil

     »   claire d'Alsace N° 1 p. b. 100 k

     »   »   »   détail

     »   »   »   N° 2, p. barriq.

     »   »   »   »   détail

Colle de Bergues, par 100 kil.

»   de poisson, N° 1, kil.

»   »   » 2,   »

»   »   en rognures

»   à bouche, la douzaine

Colophane épuré, p. barr. 100 k.

»   »   détail

Composition d'encre, kil.

Coquille d'or fin, l'une

»   faux   »

»   d'argent fin »

»   de bronze   »

Coriandre, par bouteille, 100 kil.

»   détail

Coraline de Corse (mousse de mer)

Corne de cerf, entière

»   »   en poudre

Coton à mêches

Couleurs blanches et grises, extra

»   »   N° 1, 10 p. 100

»   »   » 2, 20   »

»   »   » 3, 30   »

»   verte pure foncée

Couleurs verte pure claire

»   bronze surfine

»   »   ordinaire

»   »   mi-fine

»   olive

»   bleu pure

»   »   ciel

»   jaune et rouge fins

»   »   ordinaire

»   jaune de chrome foncé

»   minium

»   noir siccatif

»   »   ordinaire

»   acajou pure

»   »   ordinaire

»   chêne et chamois

»   vert métis, N° 1

»   »   »   » 2

Couperose refonte, p. bar. 100 k

»   »   détail

»   1/2 refonte, p. barr.

Couperose verte ord. par. barr.

»   »   »   détail

»   Salzebourg, 100 k.

»   »   détail

» blanc. (sulfa. de zinc, 100 k.

»   »   »   » 100 kil

Coussins à dorer grands, l'un

»   »   moyens »

»   »   petits   »

Couteaux à pierres, 16 pouces

»   »   15   »

»   »   14   »

»   »   12   »

»   »   10   »

»   »   8   »

»   à couper l'or. gr. »

»   »   moy.   »

»   »   petits   »

»   à palet. manc. d'ébè. l'un

»   »   » d'ivoire »

»   »   » de bois   »

»   »   » de corne »

»   à enduire »   »   »

Couteaux à mastiquer, triangul.»

»   à mastiquer, b. ronds»

»   à démastiq. 1/2 lame »

»   » avec grugeoir»

Craie blanche de Reims, N° 1

»   »   »   » 2

»   verte, pour billard

Crayons rouges et blancs. 100 k.

Crème de tartre, 1er blanc, 100 kil

»   »   détail

»   »   en poudre, 100 il

»   »   détail

»   »   2e blanc, le kil.

Creusets en grés et mine de plomb

Cristal minéral, kil.

Cristaux de soude, par barrique.

»   »   100 kil.

»   »   détail

»   de tartre, N° 1, le kil.

»   »   » 2, »

Cud Béart en poudre   »

Crocus métallorum entier   »

»   »   en poudre

Curcuma bengale entier, 100 kil.

» » N° 1 en poudre

» » détail

» Java entier, 100 kil.

» » en poudre, 100k

Curaçao épluché, N° 1

» » » 2

» vert

Caramel N° 1, 100 kil.

» » 2, »

Crain végétal

Calques bour bois et marbres

Dextrine par barrique, 100 kil.

» » détail

Dissolution d'indigo le kil.

Eau fleurs d'orangers, triple p' estag.

»	»	»	1/2 estagnon
»	»	»	par litre
»	»	double, par estagnon
»	»	1/2 estagnon
»	»	double, par litre
»	»	grandes saccoches, la 12ᵉ
»	»	moyennes,	»
»	»	petites,	»
»	»	rose,	»
»	»	seconde pour couleurs
»	javelle, rose et blanche
»	»	» détail

Eau de Cologne, le litre

Ecorces de Panama

Emeri pur du levant, 100 kil.

   »   »   détail

   »   »   en poudre, 100 kil.

   »   »   détail

   »   de glace, N° 1

   »   »   2

   »   ordinaire, 100 kil.

   »   »   détail

   »   »   poudre

Encens en larmes, kil.

   »   en masse, »

   »   royal,   »

   »   en pastilles, »

Encre noire, N° 1, le litre

   »   »   2,   »

Eponges fines, N° 1, p^r toilet. le kil.

   »   Gerbis, N° 1   »

   »   »   2   »

   »   pour buffleteries belle »

   »   » ord^{re} »

   »   Venise ord^{re} en chapel. »

Eponges Venise ordre en chapel.				
»	»	coupées belles		
»	cavaleries			
»	de Havane			
»	noire			
»	Venise, formes 1er choix			
»	»	»	2e	»
»	»	»	3e	»
»	»	»	4e	»
»	»	»		

Esprit de sel fumant, par bouteille
» » détail
Essence térébenthine, par p. 100 k.
» » par trie »
» » détail
» de lavande surfine le kil.
» » 1/2 fine »
» d'aspic, No 1 »
» » 2 »
» de romarin »
» de thym rouge. »
» » blanc »

Essences de bergamotte   »

»   »   l'once

»   de Mirbanne

»   d'anis d'Alby, le kil.

»   »   »   l'once

»   `   » ordinaire, kilos

»   »   »   l'once

»   de badiane, par estagnon

»   »   le kil.

»   de menthe anglaise surf. k.

»   »   »   l'once

»   »   N° 1, le kil.

»   »   »   l'once

»   »   ordinaire, le k.

»   »   »   l'once

»   de citron, le kil.

»   »   l'once

»   de noyaux, le kil.

»   »   l'once

»   de rose surfine

»   de genièvre, le kil.

»   »   l'once

»   de cédrat, le kil.

Essence de cédrat, l'once

Etain banca en baguettes, le kil.

»   »   en saumon

»   »   effilé d'Angleterre

Extrait de saturne, le litre

»   d'orseille

»   de potassium

Farine de lin pure le kil.

»   » ordinaire »

»   » de moutarde, le kil.

»   de riz ordinaire,   »

»   » fine   »

Fécule de pommes de t. p^r sac, 100k

»   »   » détail

»   »   » en paq. p^r c.

»   »   » détail

Fenouil de Florence, le kil.

Fers à moulures, la pièce

Fèves de Tonka, le kil.

Fil de Guibray, pour cirier

Fleur de soufre, par balle, 100 kil.

        détail

  »   de camomille

  »   de coquelicot

  »   de tilleul

Foie d'antimoine entier, le kil.

  »   »   en poudre

Follicules de séné en sorte

  »   »   mondée

Fusains

Fuschine entière, pour rose

  »   p. rose en liqueur, le litre

Galipo en larmes, p. baril, 100 k.

  »   en masse,   »   »

  »   détail

Galles d'Alep noires, p. bal. 100 k.

»   de Smyrne   »   »

»   »   détail

»   concassées, le kil

Garance d'Alsace S F, p. b. 100 k.

»   »   détail

»   »   F F, p. b. 100 k.

»   »   détail

»   d'Avignon, p. b. 100 k.

Garancine par barrique, 100 kil.

»   détail

Gaudes de Normandie, 100 kil.

»   »   détail

Gingembre blanc entier, le kil.

»   »   ordinaire

»   gris, entier

»   »   en poudre

Glaces dépolies pour couleurs.

Glucose (sirop de fécule), p. baril

»   »   détail

Glu, le kil.

Gérofle de Cayenne

Gomme arabique N° 1, le kil.

Gomme arabique N° 2, le kil.

» » en poudre

» Sénégal en sorte, p.b. 100 k

» » » détail

» choisie, 1er blanc, le kil.

» » 2e » »

» rouge, 3e » »

» commune, menue

» » en poudre

» petite blanche N° 1, le k.

» » » »

» adragant N° 1, en plaques

» » » 2, en sorte

» » Vermic. extra

» » » en sorte

» copal Calcutta, p. c. 100 k

» » détail

» » 1/2 dure, p.c.

» Manille

» élémie en masse

» damare 1re qualité, le kil.

» élastique grosses poires »

» » moyennes

Gomme élastique petites poires, k°

»   »   en bandes

»   gutte

»   mastic choisi en larmes

»   sandaraque en sorte

»   »   lavée et triée

»   »   » en poud.

»   laque orange, par caisse

»   »   »   détail

»   blonde, par caisse

»   »   »   détail

»   »   cerise, par caisse

»   »   »   détail

»   »   brune commune, kil.

Goudron de Stockholm N° 1, la ton.

»   »   » le pot

»   2e qualité, par tonne

»   »   le pot

»   de gaz, la tonne

»   »   le pot

»   bout. toutes coul. en pains

Goudron bout. t. coul. en pains

» » » détail

» » » en bâtons

» » » détail

Grabeaux de séné, le kil.

Graines de genièvre, par balle

» » détail

» de chanvre, par 100 kil.

» » détail

» d'angélique, le kil.

» de fenouil »

» de lin »

» de millet, par balle

» » détail

» de moutarde, par balle

» » détail

» » blanche, kil.

» d'Avignon » »

» de Perse » »

» de puces ou epsilium

Gruau d'avoine N° 1

» » » 2

Graisse animale pour savons
Grattoirs pour les peintres, l'un

Huile de lin, la tonne, au cours
» » détail
» d'œillette, la tonne
» » détail
» blanche clarifiée, siccative
» de colza, la tonne
» » détail
» de coco, par barrique
» de palme
» d'olive surfine, à manger
» » » détail
» » à fabrique, 100 kil.
» » » détail
» de pieds de bœufs, p. tonne
» » » détail
» de foie de morue, par pièce
» » » détail
» » clarifiée, p. pharm.

Huile de baleine, par barrique

»   »   détail

»   grasse pour peinture, le kil.

»   cuite blanche siccative   »

»   d'amandes douces   »

»   de ricin   »

»   de lavande surfine   »

»   »   1/2 fine   »

»   d'aspic, No 1   »

»   »   » 2   »

»   d'anis pure d'Alby   »

»   »   ordinaire   »

»   »   de Badiane, p. estag.

»   »   »   détail, k°

»   de vitriol 66 degrés, p. bout.

»   »   »   détail

»   »   fumant de Saxe

»   de lauriers

Hydrate de potassium, le litre

Hyposulfite de soude

Iris de Florence entier, le kil.

» » en poudre »

» » en rognures »

Ivoire pour miniature

Indigo Bengale, par caisse

» Nº » » 100 kil.

» » » » »

» » » » »

» » » » »

» » » » »

» » » » »

» » » » »

» » » » »

» » » » »

» Caraque, par caisse

» » détail

» Madras, par caisse

» » détail

» Java

Jaune de chrome G.P. sponer, le kº

» » G.P. 3 nuances »

Jaune de chrome M. P. » » . »

» P. P. » » »

» en grains, surfins »

» » ordinaire »

» » orange »

» minéral entier »

» » broyé à l'eau »

» de Naples entier »

» » en poudre »

» » en grains »

» Royal N° 1 »

» » 2 »

» » 3 »

» de Cologne »

» de Cadminum »

Laque deye D. T. »

» Mirsapoor »

» préparée »

» carminée surfine »

Laque carminée N° 1   le kil.

»   »   » 2   »

»   »   » 3   »

»   »   » 4   »

»   »   » 5   »

»   d'office   »

»   de Venise   »

»   plate belle   »

»   Jaune N° 1   »

»   »   » 2   »

»   »   »   »

»   Verte   »

»   de garance foncée et rose k

»   cramoisie foncée   »

»   violette   »

Lichen Caraghayen ordinaire

»   »   mondé

»   d'Islande

Litharge entière, 100 kil.

»   »   détail

Litharge en poudre, 100 kil.

» » détail

Macis entier, le kil.

Manganèse d'Allemagne, 100 kil

» » en poudre »

Mèches soufrées à la violette, le k.

» » ordinaire »

Mélasse de betteraves par barriq.

» bon goût, »

» » détail

Mercure vif, par bouteille, le kil.

» détail

Miel blanc en baril 10 p. 100, tare

» » détail

» de Bretagne, p. pièce, 100 kil.

» » détail

Millet plat par sac, 100 kil.

» » détail

Millet rond par sac, 100 kil.

Mine orange, par baril, 100 kil.

»   »   détail

»   plomb noir extra sup. 100 kil.

»   »   »   »   détail

»   »   » extra ord. 100 kil

»   »   »   »   détail

»   »   » N° 1, par barriq.

»   »   »   »   détail

»   »   » N° 2, p. bar. 100 k

»   »   »   ),   détail

»   »   » polonaise $p^{sée}$ p.b.

»   »   »   »   détail

»   »   » aiguillée, p.b. $^o/_o$ k

»   »   »   »   détail

»   »   » en boules, 100 k.

»   »   »   »   détail

»   »   » en p. 35 gr. la gr.

»   »   »   » 50 gr. la gr.

Minium extra par baril, 100 kil.

»   »   détail

»   » N° 1, par baril

Minium extra détail

» » N° 2, par baril

» » détail

» » N° 3, par baril

» » détail

Mixtion à dorer, le litre

Molettes en grés, 1re grosseur, l'un

» » 2e » »

» » 3e » »

» en verre, assorties, le kil.

Momie d'Egypte, le kil.

Mordant jaune à l'or »

Mousse de mer »

Muscades moluques

Noir d'Anvers, par balle, 100 kil.

» » détail

» foulé, par baril, le kil.

» » détail

Noir léger en paquets, p. baril, le k.

» » » détail

» d'ivoire extra, p. cirage, 100 k

» » » » détail

» » N° 1. p. cirage, 100 k.

» » » » détail

» » N° 2, p. cirage, 100 k.

» » » » détail

» » en poudre et grains

» d'ivoire en grains p. clarifier

» » véritable en écailles

» » » en poudre

» » » en grains

» de vigne entier, le kil.

» » en poudre, «

» » en grains «

» charbon ordinaire, 100 kil.

» » imp. lavé «

» » « détail

» de pêche entier, le kil.

» « en poudre »

Noisettes

Ocre jaune ordinaire en poudre 100 k

» » » détail

» » lavée ord. J. C. L. 100 kil

» » » » » détail

» » fin lavée J. F. L. 100 kil

» » f. lav. surf. J.F.L.S.100 k

» » » » détail

» rouge comm. en poud. 100 kil.

» » » » détail

» » lavée ord. R.C.L. 100 k

» » » » » détail

» » » surf. R.C.L.S.%k.

» » » » » détail

» grise ordinaire, en poud. 100 k.

» » » » détail

» » lavée, 100 kil.

» » » détail

» verte entière lavée, 100 kil.

» » » » détail

Ocre jaune en poudre, 100 kil.

   »   »   »   détail

   »   brune entière, par barrique.

   »   »   »   détail

   »   »   en poudre, 100 kil.

   »   »   »   détail

   »   »   de rue véritable, entier

   »   »   »   imp. kil.

   »   »   »   en grains »

Oignons brûlés, p. caisse, 100 kil

   »   »   détail

Or double fort N° 5, le millier

 »   »   »   le livret

 »   fort N° 4, le millier

 »   »   »   le livret

 »   fin N° 1, le millier

 »   »   »   le livret

 »   blanc N° 1, le millier

 »   »   »   le livret

 »   vert, le millier

 »   »   le livret

 »   faux fin, le dixain

 »   »   »   le livret

Or faux fin, la douzaine

» à l'étoile, le dixain

» » la douzaine

» » le livret

» fin métal, le millier

» » le livret

» à la grande résurrection, le dixain

» » » la douz.

» à la petite résurrection, le dixain

» » » la douz.

Orangettes par balle, 100 kil.

» détail

Orcanette N° 1, par balle 100 kil.

» » détail

Orge perlé N° 1, par balle

» » » détail

» » N° 2, par balle

» » » détail

Orgeat, le litre

Orpin rouge en poudre, 100 kil.

» » » détail

» » entier

Orpiu jaune ordinaire, en poudre

» » doré surfin

Orseille de Lyon par baril, 100 k.

» » détail

» de terre, le kil.

Oxide de zinc

Oximuriate d'étain, 100 kil.

» » détail

Palettes en noyer grandes, l'une

» » moyennes

» » petites

» à dorer, la douzaine

» pièce

Papier verre C P sur registre %

» » » ordinaire

» » B T sur registre

» » » goudron

» » diverses marques

» » Frémy, gr. modèle

» » petit »

» d'émeril

Pâte de jujubes, Nº 1

»   »   » 2

»   rég isse

»   Guimauve

»   d'Italie

Peaux chiens de mer, grandes, l'une

»   »   moyennes »

»   de chamois, la douzaine

Peignes en cuir assortis la 12^e

»   »   la pièce

»   »   gr. 5, 6, 7, p. l'un

»   en buffle, la douzaine

»   »   la pièce

»   en acier, la douzaine

»   »   la pièce

Pierre ponce en sorte 100 kil.

»   »   choisie, grosse

»   »   »   moyenne

»   »   »   petites

»   »   en poudre

»   rouge ou sanguine, 100 kil.

»   »   »   détail

Pierre ponce en poudre

»   à Jésus

»   noire à marquer 100 kil.

»   »   »   détail

»   à brunir l'or, montée, l'une

»   »   »   non montée

»   bleues dordrecht p. b. 100k.

»   »   »   détail

»   » façon N° 1, p. b. 100 k.

»   »   »   détail

»   »   N° 1 b. 100 kil.

»   »   2

»   »   3

»   »   4

»   cottelande, 100 kil.

»   »   détail

Piment Jamaïque, par balle

»   »   détail

»   »   en poudre, kil.

Pinceaux ord. en plumes la grosse

»   »   assortis, la douz.

»   »   tous gros, la grosse

»   »   »   la douzaine

Pinceaux 1/2 fin, la grosse

» » la douzaine

» fins pour huile, la grosse

» » » la douz.

» » à rechamp. let. arg.

» » » la douz.

» à laver, la grosse

» »· la douzaine

» à marbrer, la grosse

» » la douzaine

» à ramand. ou à dor. la gr.

» » » la douz.

» à filets p. équip. la gros.

» à filets p. équip. la 12e

» à bandes, la grosse

» » la douzaine

» à dorer à palette, l'un

» en martre, p. miniature

» à chiqueter No 15, l'un

» » » 14, »

» » » 13, »

» » » 12, »

» » » 11, »

Pinceaux à chiqueter N° 10, l'un

»	»	» 9,	»
»	»	» 8,	»
»	»	» 7,	»
»	»	» 6,	»
»	»	» 5,	»
»	»	» 4,	»
»	»	» 3,	»
»	»	» 2,	»
»	»	» 1,	»

» à brèches, longs manch.

» monté sur 1 plume, l'un

»	»	2	»	»
»	»	3	»	»
»	»	4	»	»

Plomb en saumon

Poivre blanc N° 1, de l'Inde

»	»	détail
»	»	N° 1, blanchi
»	»	détail
»	lourd, par balle, 100 kil.
»	»	détail
»	1/2 lourd, par balle, 100 kil.
»	»	détail

Pommade surfine toutes couleurs

»   bonne ordinaire, le k°

Ponsifs en parchemin, l'un

»   en papier   »

»   pour marbres

Potasse d'Amérique, 12 p. 100 t.

»   »   détail.

»   indigène brute, 100 kil.

»   »   raffiné,   »

»   de Russie p.b. 12 p. % t.

»   »   »   détail

»,   perlasse, par barrique

»   »   détail

Potée d'émeril N° 1 véritable, kil.

»   »   » ordinaire »

»   d'étain grise   »

Poudre parfumée à la violette

»   de réglisse

»   de riz ordinaire

»   » N° 1

»   d'or

»   élastique pour les bottes

Pourpre violet

Précipité rouge

Presle

Prussiate de potasse par baril

»   détail

Putois à dorer, l'un

Pyrolignite de fer, la pièce

»   »   100 kil.

»   de plomb, le kil.

Quatre semences, kil.

Quercitron Philadelphie, 100 k.

»   »   détail

Racine de Gentiane, kil.

»   saponaire   »

»   guimauve, choisie

Ratafia 1re qualité, le litre

»   2e qualité   »

Réglisse anisée G. et P. bâtons, k.

»   calabre, par caisse, 100 k.

»   »   au détail

·»   »   p. boîtes de 100 bil

Résine jaune en barrique, 100 kil.

» » » détail

» noire en barrique, 100 kil.

» » détail

» » 1/2 colophane p. bari|

» » » détail

» d'Amérique clarifiée, p. bar.

» » » détail.

Riz caroline N° 1, le kil.

Roucou Cayenne N° 1, 100 kil

» » » détail

» Para N° 2, 100 kil

» » » détai|

» liquide, le litre

Rose en tasse, 12 gouttes

» » 6 »

» en liqueur, le litre

» » l'once

» fuchsine, le litre

» » l'once

» en pâte pour pâtissier, kil.

Rouge d'Andrinople, kil.

» de Chine »

Rouge brun par barrique, 100 kil.

» » détail

» végétal N° 1, 100 kil.

» » 2, 100 kil.

» Anglais par barrique, 100 k.

» » » détail

» à marteler ou à polir l'or, k.

» de Prusse N° 1, par bar. 100 k

» » » détail

» » N° 1 lavé

» » » lavé surf. °/₀ k

» » » détail

» » N° 2, 100 k.

» » » détail

Rouille de fer par barrique, 100 k.

» » pour bleu »

Safran Gâtinais, le kil.

» » l'once

Safranum de l'Inde, kil.

» d'Espagne

Salep de Perse en poudre, kil.

Sangdragon en roseaux

Sanguine en pierres, 100 kil.

» » détail

» poudre

Salpêtre raffiné en pains, 100 kil.

» » » détail

» » en poudre

» du Chili, le kil.

Salsepareille d'Onduras

Savon de Gênes blanc, 100 kil.

» » en tables, le kil.

» » Payen , 100 kil.

» » en tables, le kil.

» de ménage, amandine

» » détail

» Marseille N° 1 par caisse

» » détail

» Oger N° 1, par caisse

» » » détail

» » N° 2. par caisse

» » » détail

Sciure d'acajou par balle, 100 kil.

» » détail

Scories de crocus en poudre, kil.

Sel soude 80 deg. M. p. bar. 100 kil.

» » » détail

» » Anglais, par barrique

» » 90 deg. par bar. 100 kil.

» » » détail

» » 75 à 80 degrés 100 kil.

» » » détail

» Ammoniac blanc, le kil.

» » gris, »

» d'oseille entier, »

» » en poudre »

» d'étain, par bouteille, 100 kil.

» » » détail

» de tartre, 100 kil.

» » détail

» de Saturne par barrique, 100 kil.

» » » détail

» de nitre, par barrique

» » détail

» » en poudre

Sel du Chili

  »   de glaubert G. C, kil.

  »   d'epsum P. C.   »

Semen-contra d'Alep

    »   »   de Barbarie

Semoule fine et grosse, par balle

    »   »   détail

Sené Tripoli 3/4 mondé

Siccatif liquide pour blanc de zinc

    »   zumatique

    »   pulverulent

Silicate de potasse

Sirop de fécule massé par bar. 100 k

    »   liquide pour brasserie   »

    »   de froment   »

    »   »   détail

    »   de betterave p. bar. 100 kil.

    »   »   détail

    »   d'orgeat, le litre

Soude alicante entière, kil.

    »   »   en poudre

Soudure de cuivre N° 1, à 4 p. 100

    »   »   détail

Soudure pour fer, le kil.

    »   d'étain   »

Soufre en canons par barrique

    »   »   détail

    »   en poudre par baril, 100 k^o

    »   »   détail

Spath en poudre N° 1, 100 kil.

    »   »   ordinaire

    »   »   détail

Spigélie entière, le kil.

Stéarine   »   »

Stil de grains N° 1

    »   »   2

Storax calamite

    »   ordinaire

Sublime corrosif

Sulfate de baryte par bar. 100 kil.

    »   »   détail

    »   d'alumine pour papeterie

    »   de magnésie   le kil.

    »   de soude, par barr. 100 k^o

Sumac donzère par balle, 100 kil.

    »   »   détail

Sumac de Malaga par baril, 100 k.

»　　　　»　　　déiail

»　　　redon par balle, 100 kil.

»　　　»　　　détail

Sucre brute par barrique

»　　　»　　　détail

Talc en poudre par barrique, 100 k.

»　　　　»　　　détail, kil.

Tapioca Groult No 1, en paq. kil.

»　　　　»　　　» 1, indigène »

»　　　　»　　　en vrague,　　»

Tartre rouge No 1 par bar. 100 k.

»　　　»　　　détail

»　　　»　　　en poudre 100 k.

»　　　»　　　détail

»　　　»　　No 2 en barrique

»　　　»　　　détail

»　　　»　　　en poudre 100 k.

»　　　»　　　détail

Tartre en gravelles, par baril

»   »   détail

»   gris par barrique, 100 kil

»   »   détail

»   gris en poudre p. bar. 100 k

»   »   »   détail

Terra-mérita entier N° 1, 100 k

»   »   »   détail

»   »   en poudre, par barr.

»   »   »   détail

Terre de Cassel entière, le kil.

»   »   en poudre, ordin.

»   »   »   imp^{ble}

»   »   en grains

»   de Cologne en poudre, ordin.

»   »   .   »   imp^{ble}

»   »   en grains

»   d'Italie jaune, poudre ord.

»   »   »   poudre imp^{ble}

»   »   »   en grains

»   d'Italie rouge en poudre ord.

»   »   »   imp^{ble}

»   »   »   en grains

Terre d'ombre N^{elle}. p. bar. 100 k.

»	»	»	détail
»	»	»	poud. ord. le k
»	»	»	imp^{ble}
»	»	»	en grains
»	»	calcinée entière, le k
»	»	»	en pou. ord.
»	»	»	imp^{ble}
»	»	»	en grains

» de pipe en pains, 100 kil.

» » détail

de Sienne N^{elle}, 100 kil.

»	»	»	détail
»	»	»	en poud. ord.
»	»	imp. le kil.
»	»	»	en grains »
»	»	calcinée entière
»	»	»	en pou. ord.
»	»	»	imp^{ble}
»	»	»	en grains

» verte de Vérone

Térébenthine de Bordeaux

»   Pise (Suisse)

»   de Venise, p. bach.

Tête morte rose et foncée N° 1, imp.

»   »   »   » 2

»   »   » lavée

»   »   » de Suède

Thé vert ordinaire par caisse, kil.

»   »   »   détail

»   perlé par caisse   »

»   »   »   détail

»   poudre à canons par caisse, k.

»   »   »   détail

»   noir souchong par caisse, kil.

»   »   détail

Tripoli rose entier par barr. 100 k°

»   »   » détail

»   »   en poudre, 100 kil.

»   »   »   détail

»   gris entier, 100 kil.

»   »   détail

Tripoli gris, en poudre

»   bl. de Nanterre ent. 100 kᵒ

»   »   détail

»   » en poud. 100k

»   »   détail

Vanille 1ʳᵉ qualité, le kil.

»   »   l'once

Varech par balle, 100 kil

»   1/2 balle.   id.

Verdet N° 1, en pains et boul. 100 k

»   »   »   détail

»   »   »   en poud. fine

»   »   »   ordinaire

»   cristallisé en grappes

»   raffiné

Vermicelle blanc N° 1, par caisse

»   »   de gruau, 100 k.

»   »   »   détail

»   jaune par caisse

»   »   détail

Vermillon de Chine, kil.

»   »   l'once

»   Français N° 1, le kil.

»   »   » 2,   »

»   d'Allemagne, p. esquise

Vernis copal extra, le litre

»   à façades   »

»   N° 1   »

»   » 2   »

»   » 3   »

Vernis à façades, Nᵒ 4, le litre.

» à capottes »

» Anglais à glacer »

» blanc surfin pour intérieur

» » Nᵒ 1

» » » 2

» » » 3

» à l'esprit de vin

» » Nᵒ 1

» » » 2

» » » 3

» » » 4

» à la gomme laque

» » blanc

» Japon

» à tableaux

» à l'essence ou Galipo, le litre

» » » détail

» à la gomme mastic, le litre

» à l'or »

» au karabé »

» à élemie »

» noir pour tôles »

Vernis pour cuir   »

Vert schwunfurth surfin, le k.

»   métis N° 0   »

»   »   » 1   »

»   »   » 2   »

»   »   » 3   »

»   »   » 4   »

»   »   » 5   »

Vert franç. (Américain ord. 3 nuan.

»   »   »   » détail

»   »   1/2 fin 3 nuances, 100 k.

»   »   »   » détail

»   »   fin 3 nuances, 100 kil

»   »   »   » détail

»   »   extra-fin 4 nuanc. 100 k.

»   »   »   » détail

Vert de plomb ou de Londres 4 nua.

»   »   »   détail

»   »   Prusique ext. 4 nuances

»   milori extra-fin en grains, kil.

»   »   surfin   »

»   »   fin   »

»   »   ordinaire   »

»   fixe ou métis N° 0   »

»   de vessies   »

»   de perroquet clair   »

»   minéral clair et foncé   »

»   à voitures pâle et foncé   »

»   feuille morte p. voitures   »

Vif-argent ou mercure, kil.

»   »   détail

Vitriol bleu par barrique, 100 kil.

»   »   »   détail

»   mixte par barrique, 100 k.

»   »   »   détail

Zostère par balle, 100 kil.

»   »   détail

Lille. Typ. Mme Bayart.